AF298998

ENCYCLOPÉDIE-RORET

NOUVELLE THÉORIE

DES

SAPEURS-POMPIERS

Cet ouvrage est extrait du Manuel complet du
SAPEUR-POMPIER, composé par une commission
d'officiers du Régiment de Sapeurs-Pompiers de la
Ville de Paris. 5e édition, contenant de nouvelles
instructions sur la manœuvre de la pompe et la
réception du matériel. — 1 vol. in-18, orné de nom-
breuses figures.. . . . .   3 fr.

Il a été extrait du Manuel complet une édition
ABRÉGÉE, renfermant tout ce qui, dans l'édition
complète, peut être à *l'usage des Compagnies de Sapeurs-Pompiers des Départements.* — 1 vol. in-18, orné
de figures. . . . .   2 fr.

EN VENTE A LA MÊME LIBRAIRIE :

MANUEL DU SAPEUR-POMPIER, ou Théorie sur l'extinc-
tion des incendies, par M. PAULIN, ancien commandant des Sapeurs-Pompiers de Paris. 1 vol. 1 fr. 50.

F. AUREAU. — Imprimerie de Lagny

MANUELS-RORET

NOUVELLE THÉORIE

DES

SAPEURS-POMPIERS

EXTRAITE

DU MANUEL DU SAPEUR-POMPIER

PUBLIÉ

PAR ORDRE DU MINISTRE DE LA GUERRE

RÉDIGÉ PAR

UNE COMMISSION D'OFFICIERS
DU RÉGIMENT DE SAPEURS-POMPIERS DE LA VILLE
DE PARIS

Prix : 75 centimes

PARIS

LIBRAIRIE ENCYCLOPÉDIQUE DE RORET
12, RUE HAUTEFEUILLE, 12

1874

NOUVELLE THÉORIE

DES

SAPEURS-POMPIERS

TITRE II

MANŒUVRE DES POMPES FOULANTES ET ASPIRANTES

RÈGLES GÉNÉRALES ET DIVISION DE CETTE ÉCOLE.

1. Cette école qui a pour objet l'instruction pratique des sapeurs-pompiers, est la même dans toutes les compagnies, elle y est dirigée par l'officier de semaine, sous la surveillance du capitaine qui ne permet sous aucun prétexte, qu'on s'en écarte, afin que l'instruction soit uniforme dans tout le régiment.

2. Les officiers, sous-officiers et caporaux doivent tous la connaître et être en état de l'enseigner.

3. Lorsque les sapeurs, nouvellement arrivés au corps sont jugés assez instruits pour pouvoir faire le service dans les postes, ils sont présentés par le capitaine au commandant du corps, qui les examine et s'assure qu'ils connaissent bien toutes les parties de la manœuvre de la pompe et les détails de leur service dans tous les postes.

4. L'école de la pompe est divisée en six leçons.

La première, comprend les mouvements de la pompe sur son chariot ;

La deuxième, la manière de mettre la pompe à terre, de la mouvoir lorsqu'elle y est et la recharger ;

La troisième, l'établissement et la manœuvre de la pompe ;

Le quatrième, les principes pour mettre la pompe en état d'être rechargée ;

La cinquième, l'exercice, l'établissement et le chargement précipités ;

La sixième, l'exercice des échelles à crochets, pliantes et à coulisses, de l'appareil à feux de caves, du sac, de la ceinture et des différents nœuds de sauvetage.

5. Chaque leçon est divisée ainsi qu'il suit :

PREMIÈRE LEÇON.

1ᵉʳ ARTICLE. A vos postes — levez la flèche.

2ᵉ ARTICLE. Conversions de pied ferme — à droite — à gauche — demi-tour à droite — demi-tour à gauche.

3ᵉ ARTICLE. Marches diverses.

4ᵉ ARTICLE. Changements de direction à droite — à gauche — en avant — en arrière — et mettre la flèche à terre.

DEUXIÈME LEÇON.

1ᵉʳ ARTICLE. En manœuvre — déchaîner — lever la flèche — mettre la pompe à terre et ôter le chariot.

2ᵉ ARTICLE. Conversions de pied ferme — à droite — à gauche — demi-tour à droite — demi-tour à gauche.

3ᵉ ARTICLE. Marcher en avant et en arrière — changer de direction.

4ᵉ ARTICLE. Charger — lever la pompe — amener le chariot — poser la pompe — abattre la flèche — mettre la flèche à terre — enchaîner.

TROISIÈME LEÇON.

1ᵉʳ Article. En reconnaissance — mettre la pompe à terre.

2ᵉ Article. Démarrer — ôter la lance — développer et fixer l'établissement.

3ᵉ Article. Changer la pompe de place.

QUATRIÈME LEÇON.

1ᵉʳ Article. Démonter — vider les demi-garnitures — abattre sur l'arrière — laver — mettre à terre et vider la pompe.

2ᵉ Article. Remonter — armer la pompe et amarrer.

3ᵉ Article. Plier les demi-garnitures en écheveau.

CINQUIÈME LEÇON.

1ᵉʳ Article. Exercice précipité.

2ᵉ Article. Établissement précipité.

3ᵉ Article. Chargement précipité.

4ᵉ Article. Manœuvre de plusieurs pompes réunies.

SIXIÈME LEÇON.

1ᵉʳ Article. Manœuvre des échelles à crochet, pliantes et à coulisses.

2ᵉ Article. Manœuvre de l'appareil à feux de caves.

3ᵉ Article. Manœuvre du sac, de la ceinture et des différents nœuds de sauvetage.

6. Chaque leçon est suivie d'observations qui ont pour objet de démontrer l'utilité des principes qu'on y aura prescrits. Les instructeurs doivent s'attacher à les connaître et à en faire l'application lorsqu'ils instruisent les sapeurs.

7. Le ton du commandement est toujours animé et d'une étendue de voix proportionnée au nombre de pompes servant à la manœuvre.

8. Il y aura deux sortes de commandements, les commandements d'avertissement et ceux d'exécution.

9. Les commandements d'avertissement, qui

sont indiqués par des lettres italiques, doivent être prononcés distinctement dans le haut de la voix et en allongeant un peu la dernière syllabe.

10. Les commandements d'exécution, qui sont indiqués par des majuscules, sont prononcés d'un ton ferme.

11. Les instructeurs doivent expliquer toujours ce qu'ils enseignent en peu de paroles claires et précises.

Ils s'attacheront à accoutumer le sapeur de recrue à prendre lui-même la position et ne le toucheront pour la rectifier, que lorsque son défaut d'intelligence les y obligera.

12. Pendant la manœuvre, les sapeurs qui sont dans les rangs sont interrogés par les instructeurs sur la nomenclature et les diverses parties des leçons auxquelles ils ont été exercés.

PREMIÈRE LEÇON

ARTICLE Ier.

13. La pompe étant sur son chariot *en avant du peloton* placé sur deux rangs, l'instructeur commande :

    1º *Garde à vous.*
    2º PELOTON.

14. Au premier commandement les hommes fixent leur attention.

15. Au deuxième, ils prennent la position du soldat sans armes.

16. L'instructeur désigne trois sapeurs sous la dénomination de :

    Un chef,
    Un premier servant,

Un deuxième servant,

et commande ensuite :

A VOS POSTES. (*Fig.* 1re.)

Fig. 1.

Fig. 2.

17. A ce commandement, les trois hommes désignés se portent vivement à la pompe; le chef se place à 33 centimètres en arrière du chariot, dans la direction de la roue gauche, le pre-

1.

mier servant à la gauche de la flèche et le second à la droite, les pieds à 6 centimètres en dedans de la traverse, et prennent la position du soldat sans armes, tous trois faisant face en avant.

18. Ce mouvement étant exécuté, l'instructeur commande :

LEVEZ LA FLÈCHE. (Fig. 2.)

19. A ce commandement, le chef ne bouge pas, les servants saisissent la traverse des deux mains et la lèvent à hauteur de ceinture.

ARTICLE II.

CONVERSION DE PIED FERME.

20. Pour tourner à droite, l'instructeur commande :

1° *Tournez à droite.*
2° MARCHE. (*Fig.* 3.)

Fig. 3.

21. Au premier commandement, le chef saisit le cordon de la bâche avec la main droite.

22. Au deuxième commandement, les servants font décrire un quart de cercle à la pompe, en partant du pied droit ; le chef suit le mouvement.

23. La conversion étant achevée, tous trois reprennent leur première position.

24. Pour tourner à gauche, l'instructeur commande :

1° *Tournez à gauche.*
2° MARCHE. (*Fig.* 4).

25. Au premier commandement, le chef saisit le cordon de la bâche avec la main droite.

26. Au deuxième commandement, les ser-

Fig. 4.

vants font décrire un quart de cercle à la pompe, en partant du pied gauche ; le chef suit le mouvement.

27. La conversion étant achevée, tous trois reprennent leur première position.

28. Pour les demi-tours à droite (ou à gauche) l'instructeur commande :

> 1° *Demi-tour à droite* (ou *à gauche*).
> 2° MARCHE.

29. Au premier et au deuxième commandement, le chef et les servants exécutent tout ce qui est prescrit pour tourner à droite ou à gauche, en observant que l'on doit décrire un demi-cercle au lieu d'un quart.

30. Pour faire exécuter les mêmes manœuvres dans la position de la marche en arrière, l'instructeur commande :

EN ARRIÈRE (*Fig.* 5.)

Fig. 5.

31. A ce commandement, le chef se porte en tre la traverse et le chariot, dans la direction et à 33 centimètres de la roue gauche. Les servants passent du dedans au dehors de la traverse en la maintenant à hauteur de ceinture, le premier de la main droite, le second de la main gauche,

les pieds à 6 centimètres de l'aplomb de la traverse; tous trois faisant face en arrière.

32. Pour tourner à droite, l'instructeur commande :

1° *Tournez à droite.*
2° MARCHE. (*Fig.* 6.)

Fig. 6.

33. Au premier commandement, le chef saisit
le cordon de la bâche avec la main gauche.

34. Au deuxième commandement, les servants
font décrire un quart de cercle à la pompe en
partant du pied gauche; le chef suit le mouvement.

35. La conversion étant achevée; tous trois
reprennent leur première position.

36. Pour tourner à gauche, l'instructeur commande :

1° *Tournez à gauche.*
2° MARCHE. (*Fig.* 7.)

37. Au premier commandement, le chef saisit
le cordon de la bâche avec la main gauche.

38. Au deuxième commandement, les servants font décrire un quart de cercle à la pompe en partant du pied droit; le chef suit le mouvement.

39. La conversion étant achevée, tous trois reprennent leur première position.

Fig. 7.

40. Pour les demi-tours à droite (ou à gauche), l'instructeur commande :

1° *Demi-tour à droite* (ou *à gauche*).

2° Marche.

41. Comme pour tourner à droite ou à gauche, en observant que la conversion doit être de la moitié du cercle.

ARTICLE III.

MARCHES DIVERSES.

42. Les hommes étant placés dans la position en arrière, l'instructeur, pour faire exécuter la marche en avant, commande :

En avant.

2° Marche. (*Fig. 8.*)

43. Au premier commandement, le chef passe de l'avant à l'arrière, les servants passent du dehors au dedans de la traverse pour reprendre la position de la marche en avant par les moyens inverses de ceux qu'on emploie pour prendre celle de la marche en arrière.

44. Au deuxième commandement, le chef saisit le cordon de la bâche avec la main droite, afin de pousser la pompe et d'en accélérer la vitesse ; il part en même temps du pied gauche ainsi que les servants.

Fig. 8.

45. Lorsque le trajet est long, le chef peut changer de main en se transportant du côté opposé ; il doit se tenir préférablement du côté le plus bas du terrain s'il est incliné.

46. Lorsque l'instructeur ne fait pas le commandement de pas gymnastique, on marche au pas accéléré.

47. Pour arrêter la marche l'instructeur commande :

    1° *Sapeurs.*

    2° HALTE.

48. Au dernier commandement, les servants retiennent la traverse en redressant le haut du corps, le chef retient la pompe, quitte le cordon de la bâche, et tous trois rapportent le pied qui est en arrière à côté de l'autre.

49. Pour faire passer de la marche en avant à la marche en arrière, l'instructeur commande :

1° *En arrière.*
2° Marche. (*Fig 9.*)

Fig. 9.

50. Au premier commandement, on exécute ce qui est prescrit pour passer de la position de la marche en avant à celle de la marche en arrière.

51. Au deuxième commandement, le chef saisit le cordon de la bâche, les servants se fendent du pied droit à 33 centimètres en arrière, en portant le haut du corps en avant, et partent du pied gauche ainsi que le chef.

52. Dans la marche en avant, ou dans la marche en arrière, la pompe étant arrêtée au commandement *Halte*, l'instructeur, pour faire marcher de nouveau sans changer la position des hommes, commande seulement :

MARCHE.

ARTICLE IV.

CHANGEMENTS DE DIRECTION.

53. Dans la marche en avant ou dans la marche en arrière, l'instructeur commande :

1° *Tournez à droite* (ou *à gauche*).
2° MARCHE.

54. Au deuxième commandement, on tourne à droite ou à gauche, et l'on marche dans la nouvelle direction dès que la conversion est achevée.

55. La pompe étant arrêtée, pour faire mettre la flèche à terre, l'instructeur commande :

FLÈCHE A TERRE.

56. A ce commandement, les servants posent doucement la flèche à terre et reprennent, ainsi que le chef, la position du soldat sans armes.

57. Si ce dernier commandement est exécuté après la marche en arrière, et si l'instructeur veut faire relever la flèche, il fait le commandement *Levez la flèche*, sans que les hommes changent de position.

58. Pour faire reposer les hommes sans leur faire quitter leur position, l'instructeur commande :

EN PLACE, REPOS.

59. A ce commandement, le chef et les servants ne sont plus astreints à conserver l'immobilité, mais ils doivent garder leur position.

60. Pour faire reprendre aux hommes l'immobilité, l'instructeur commande :

ATTENTION.

61. A ce commandement, les hommes prennent l'immobilité.

62. L'instructeur voulant faire rentrer dans le rang les hommes qui sont à la pompe, commande :

A VOS RANGS.

63. A ce commandement, les hommes prennent leur place dans le peloton.

OBSERVATIONS RELATIVES A LA PREMIÈRE LEÇON.

64. Dans les conversions de pied ferme, les servants doivent toujours maintenir la traverse, de manière à faire pivoter la roue qui se trouve du côté de la conversion, dans la position en avant, et celle qui se trouve du côté opposé dans la position en arrière.

65. Dans les changements de direction, si le terrain est très-incliné, le chef passe du côté de la direction, s'il n'y est déjà, excepté dans la marche en arrière, afin d'empêcher la pompe de verser.

DEUXIÈME LEÇON

ARTICLE Ier.

66. Pour faire exécuter la deuxième leçon, l'instructeur commande :

1° *Exercice en cinq temps.*

2° EN MANŒUVRE. (*Fig.* 10.)

67. Au deuxième commandement, le chef marchant droit devant lui, va se placer en dehors

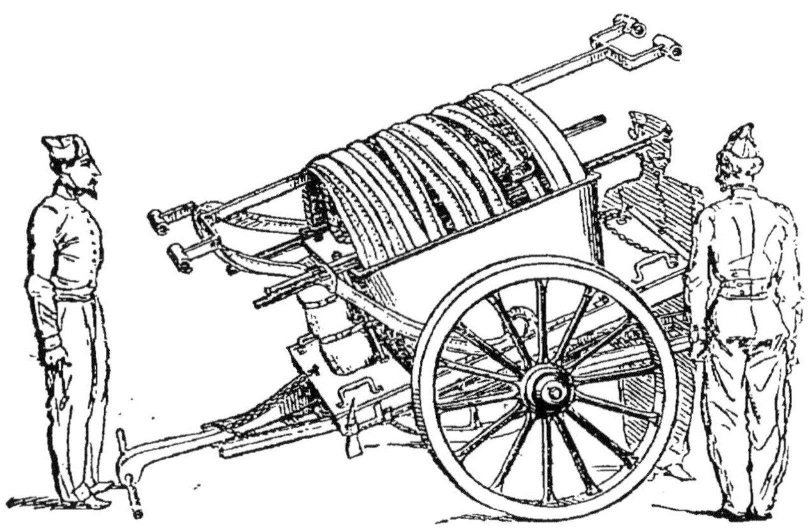

Fig. 10.

de la traverse, face à la pompe ; les servants se portent à la hauteur de la barre d'arrêt, le premier en faisant un à gauche et passant en dehors du chef, le second un à droite, et font aussi face à la pompe.

68. Si les hommes se trouvent dans la position de la marche en arrière, le chef tourne à droite pour se porter à l'avant de la pompe en dehors de la traverse ; les servants se portent à hauteur de la barre d'arrêt en marchant droit en avant.

DÉCHAINEZ. (*Fig.* 11.)

69. A ce commandement, le chef se fend en avant du pied gauche, détache la chaîne, l'accroche à l'entablement et reprend sa première position, le premier servant lève de la main gauche le tourniquet, détache le moraillon de la main droite et, de cette main, passe l'extrémité de la barre d'arrêt au second servant, qui, la recevant

Fig. 11.

de la main gauche, la pose sur son support. Alors le premier servant se fend de la jambe droite vers l'arrière, saisit avec la main droite le montant de l'échelle de son côté, la retire de dessous le chariot, saisissant le quatrième échelon de la main gauche, vient la poser à terre du côté gauche, parallèlement à la pompe, à un mètre de distance, les crochets à hauteur de l'arrière; ensuite les servants se placent ensemble vis-à-vis et à 16 centimètres des moyeux.

LEVEZ LA FLÈCHE. (*Fig.* 12.)

70. A ce commandement, le chef saisit la traverse, l'extrémité de la flèche entre les deux mains et la lève à hauteur de ceinture, alors le premier servant saisit des deux mains le cordon de la bâche, la gauche à la partie cintrée de l'avant, la droite à 10 centimètres de la gauche, et porte le pied droit à 33 centimètres du gauche; le second servant saisit des deux mains le cordon

Fig. 12.

de la bâche, la droite à la partie cintrée de l'avant, la gauche à 10 centimètres de la droite, et porte le pied gauche à 33 centimètres du droit.

POMPE A TERRE. (*Fig.* 13.)

71. A ce commandement, le chef élève la traverse au-dessus de sa tête, autant que la longueur de ses bras le lui permet, et ne l'abandonne autant que possible, que lorsque l'arrière du chariot est arrivé à terre; aussitôt qu'il l'a quittée, il place vivement son épaule droite sous la flèche, la main gauche à la naissance du heurtoir,

la main droite au talon, et porte le pied droit
en avant. Pendant ce mouvement, les servants

Fig. 13.

appuient sur l'avant de la bâche, pour empêcher
la pompe de faire la bascule.

OTEZ LE CHARIOT.

72. A ce commandement, le chef entraine le
chariot à quelques pas, pose doucement la flèche
à terre et revient se placer à l'avant de la pompe;
les servants la laissent glisser jusqu'à terre, et se
placent ensuite au milieu des flancs de la pompe,
tous trois lui faisant face.

73. Lorsque l'échelle n'est pas utile à l'établissement, le premier servant la place sur le chariot.

ARTICLE II.

CONVERSIONS DE PIED FERME.

74. Les principes pour mouvoir une pompe dans divers sens et pour la changer de place lorsqu'elle est mise à terre, sont applicables : 1° lorsqu'elle ne peut être transportée sur son chariot à la place désignée pour son établissement; 2° lorsque la pompe étant établie dans un lieu, il s'agit de la transporter dans un autre. Dans ce dernier cas, si le trajet est long, on démonte les boyaux, et, si le trajet est court, on fait soutenir la partie des boyaux qui est près de la sortie.

75. Pour tourner à droite, l'instructeur commande :

1° *Tournez à droite.*
2° Marche. (*Fig.* 14.)

76. Au premier commandement le chef saisit l'extrémité de la chaîne de l'avant avec la main gauche, les ongles en dessous, porte la droite à 33 centimètres de la gauche, les ongles en dessus, déboîte à gauche, se place de manière que la chaîne forme un angle droit avec le côté du patin, et se fend du pied gauche, à 50 centimètres sur la gauche en portant le poids du corps sur la jambe gauche; le premier servant déboîte à droite, saisit la chaîne de son côté comme le chef a saisi celle de l'avant, la dirigeant d'équerre avec le côté du patin, fait un à gauche et se fend du pied gauche de la même manière que le chef; le second servant pose les mains sur la pompe.

77. Au deuxième commandement, le chef et le premier servant tirent sur les chaînes, partant du pied droit, et font décrire, en marchant et sans secousses, un quart de cercle à la pompe; le second servant suit le mouvement.

78. Dans les conversions de pied ferme, après

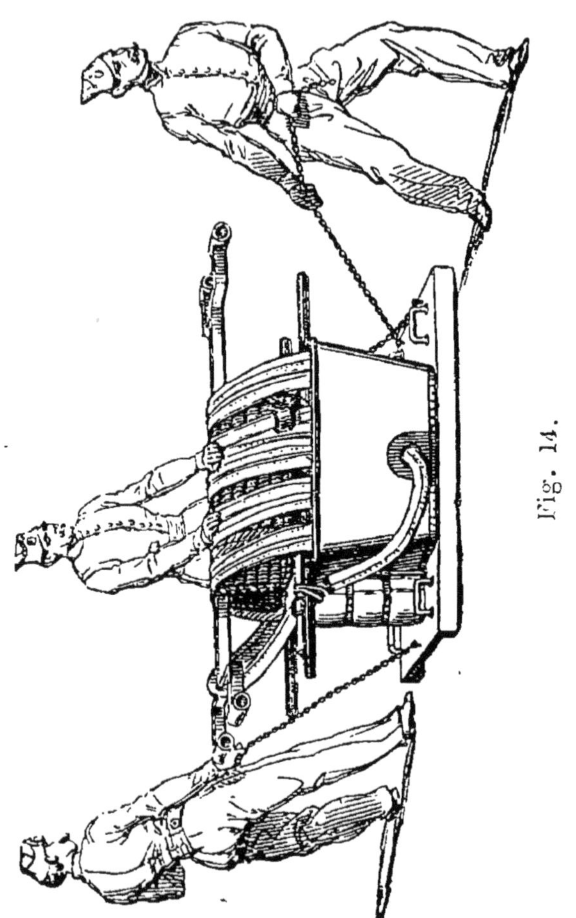

Fig. 14.

l'exécution du commandement *Marche*, on accroche les chaînes à l'entablement et l'on reprend la première position.

79. Pour tourner à gauche, l'instructeur commande :

1° *Tournez à gauche.*
2° Marche. (*Fig.* 15.)

80. Au premier commandement, le chef saisit l'extrémité de la chaine de l'avant avec la main droite les ongles en dessous, porte la gauche à

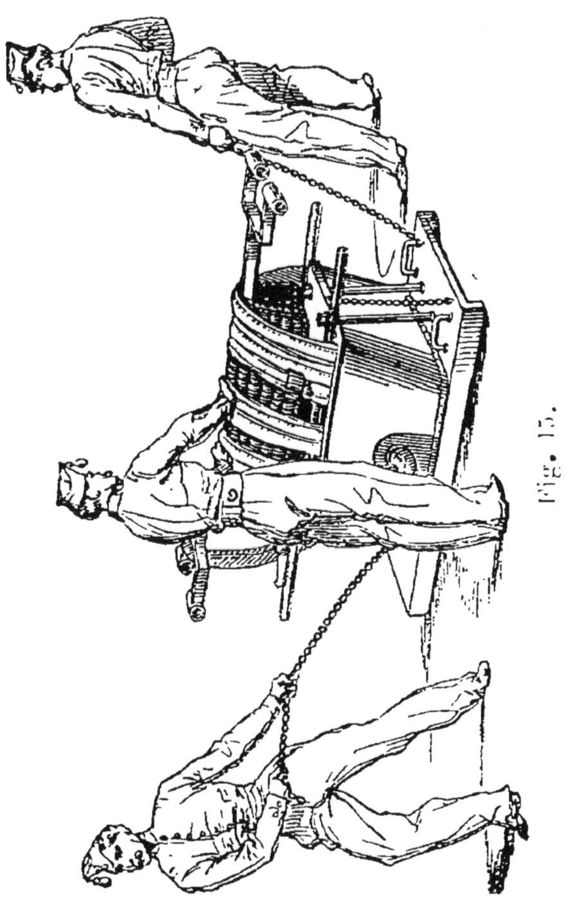

Fig. 15.

33 centimètres de la droite les ongles en dessus, déboîte à droite, se place de manière que la chaine forme un angle droit avec le côté du patin et se

fend du pied droit à 50 centimètres sur la droite, en portant le poids du corps sur la jambe droite; le premier servant pose les mains sur la pompe; le second servant déboîte à gauche, saisit la chaîne de son côté comme le chef a saisi celle de l'avant, la dirigeant d'équerre avec le côté du patin, fait un à droite et se fend du pied droit, de la même manière que le chef.

81. Au deuxième commandement, le chef et le second servant partent du pied gauche en tirant sur les chaînes; le premier servant suit le mouvement.

82. On fait demi-tour à droite (ou à gauche) par les moyens employés pour tourner à droite ou à gauche en observant que pour ce mouvement il faut décrire un demi-cercle au lieu d'un quart; alors l'instructeur commande :

1º *Demi-tour à droite* (ou *à gauche.*)
2º MARCHE.

ARTICLE III.

MARCHES DIVERSES ET CHANGEMENTS DE DIRECTION.

83. Pour faire exécuter la marche en avant, l'instructeur commande :

1º *En avant.*
2º MARCHE. (*Fig.* 16.)

84. Au premier commandement, le chef prend sa chaîne comme pour tourner à droite, fait un à gauche en se relevant, déboîte à gauche, se porte en avant de la pompe en se fendant du pied gauche à 50 centimètres, et porte le poids du corps sur la jambe gauche; le premier servant déboîte à droite, prend sa chaîne comme le chef a pris la sienne, déboîte à gauche et se porte en avant comme celui-ci; le second servant déboîte à gauche, saisit de la main droite l'extrémité de la chaîne, porte la gauche à 33 centi-

Fig. 16.

mètres de la droite, déboîte à droite, se porte en avant en se fendant de la jambe droite.

85. Au deuxième commandement, le chef et les servants tirent fortement sur les chaînes en partant du pied qui est en arrière.

86. Pour arrêter la marche, l'instructeur commande :

1° *Sapeurs.*
2° HALTE. (*Fig.* 17.)

87. Au deuxième commandement, le chef et les servants rapportent le pied qui est en avant à côté de l'autre, accrochent les chaînes à l'entablement et reprennent leur première position.

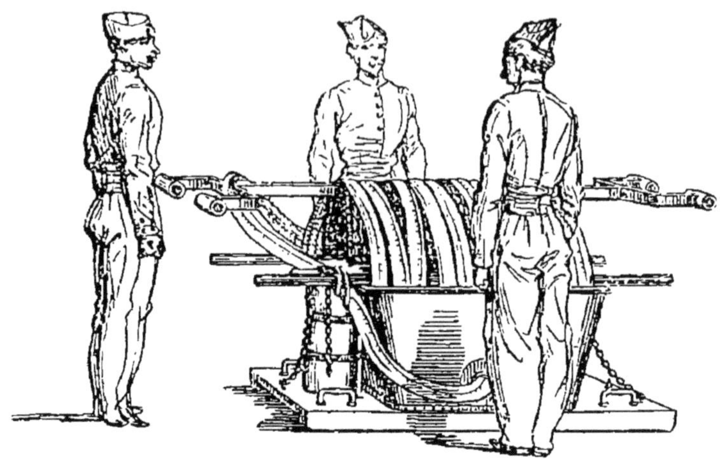

Fig. 17.

88. Pour faire exécuter la marche en arrière, l'instructeur commande :

    1° *En arrière.*
    2° MARCHE. (*Fig.* 18.)

89. Au premier commandement, le chef saisit des deux mains, les ongles en dessous, le T du balancier en l'inclinant sur l'avant si les boyaux sont développés, et se fend en arrière du pied droit, à 33 centimètres du gauche; le premier servant déboîte à droite, saisit de la main droite l'extrémité de la chaîne, les ongles en dessous, déboîte à droite, se porte à l'arrière de la pompe en se fendant du pied droit, à 50 centimètres du gauche; le second servant déboîte à gauche, saisit de la main gauche l'extrémité de sa chaîne, les ongles en dessous, porte la main droite à 33 centimètres de la gauche, les ongles en dessus, déboîte à gauche, et se porte également à l'arrière de la pompe en se fendant du pied gauche à 50 centimètres.

90. Au deuxième commandement, le chef pousse des deux mains, les servants tirent fortement sur les chaînes, tous trois partant du pied qui se trouve en arrière.

91. Pour arrêter la marche, l'instructeur commande :

1° *Sapeurs.*
2° HALTE.

92. Au deuxième commandement, le chef rapporte le pied qui est en arrière à côté de l'autre et quitte le balancier, les servants rapportent le pied qui est en avant à côté de l'autre, raccro-

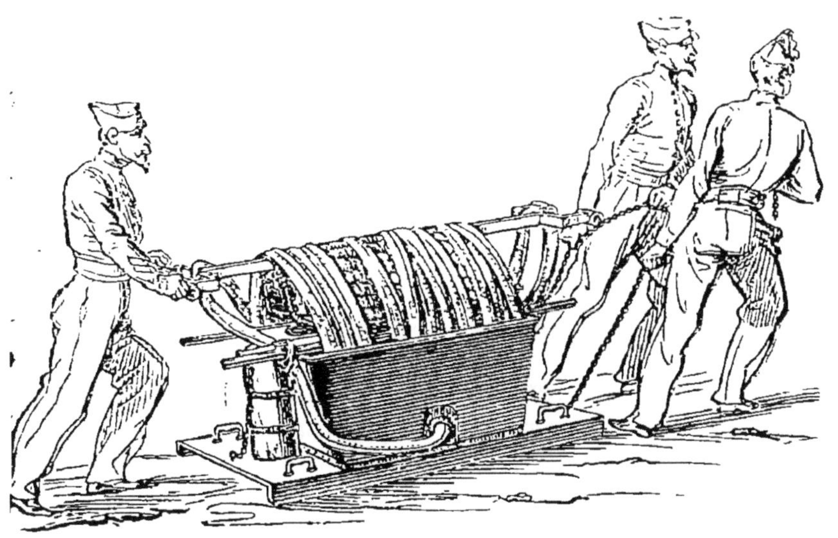

Fig. 18.

chent les chaînes à l'entablement et reprennent leur première position.

CHANGEMENTS DE DIRECTION.

93. Dans la marche en avant ainsi que dans la

2.

marche en arrière, pour faire changer de direction, l'instructeur commande :

> 1° *Tournez à droite* (ou *à gauche.*)
> 2° MARCHE.

94. Au deuxième commandement, le chef et les servants font décrire un arc de cercle à la pompe et marchent ensuite dans la nouvelle direction. Dans la marche en arrière, le chef facilite la conversion en faisant tourner l'avant de la pompe.

ARTICLE IV.

CHARGEMENT DE LA POMPE.

95. Pour faire charger la pompe, l'instructeur fait placer préalablement l'échelle par le second servant, comme il est indiqué au n° 69, et commande ensuite :

> 1° *Chargement en sept temps.*
> 2° CHARGEZ.

96. Au deuxième commandement, le chef ne bouge pas, les servants se portent à hauteur des poignées de l'avant, le premier en faisant un à gauche, le second un à droite ; tous deux faisant face en avant ; les talons réunis et un peu en arrière des poignées.

LEVEZ LA POMPE. (*Fig.* 19.)

97. A ce commandement, le chef saisit des deux mains la chaîne de l'avant, le plus près possible du piton ; les servants saisissent les poignées, le premier de la main droite, le second de

la main gauche, puis tous trois lèvent l'avant de
la pompe à hauteur de ceinture ; le premier servant porte le pied gauche en arrière à environ

Fig. 19.

50 centimètres, remplace la main droite par la
main gauche, saisit le cordon de la bâche avec
la main droite, porte en même temps le pied
droit à hauteur de l'arrière du patin, de manière
qu'il forme un angle droit avec le côté du patin,
et ouvre la pointe du pied gauche ; le second
servant exécute tout ce qui est prescrit au premier servant pour le même mouvement, mais
par les moyens inverses ; le chef, dès qu'il le
peut, jette la chaîne sur le patin, qu'il saisit des
deux mains pour aider le mouvement, et tous
trois maintiennent la pompe en équilibre.

AMENEZ LE CHARIOT. (*Fig.* 20.)

98. A ce commandement, le chef quitte le pa-

tin, va prendre le chariot par la traverse, le
place sous la pompe, le plus avant possible, en
posant le pied droit sur l'essieu et l'épaule droite

Fig. 20.

sous la flèche, place la main gauche à la naissance du heurtoir et la main droite au talon.

POSEZ LA POMPE. (*Fig.* 21.)

99. A ce commandement, les servants posent
doucement la pompe sur le chariot, le premier
servant passe, de la main gauche, la chaîne au
chef qui l'attache, bien tendue, au crochet placé
sur la flèche, à la naissance du heurtoir, et l'enroule autour de la flèche ; ils saisissent ensuite
chacun un rais de la roue, le premier de la main
gauche, le second de la main droite ; le chef réunit les talons.

Fig. 21.

ABATTEZ LA FLÈCHE. (*Fig. 22.*)

100. A ce commandement, les servants saisissent les poignées de l'arrière, le premier de la

Fig. 22.

main droite, le second de la main gauche, faisant face en avant, les talons réunis. Ensuite le chef fait un pas en arrière, saisit la traverse des deux mains, porte le pied droit sur le chariot, près du heurtoir, quitte la terre du pied gauche, afin que le poids de son corps l'aide à abattre la flèche, qu'il maintient à hauteur de ceinture; en même temps, les servants lèvent ensemble l'arrière de la pompe en tirant fortement sur les poignées et les abandonnent ensuite; le premier servant va se placer entre la pompe et la traverse, saisit la chaîne de l'avant de la main droite, entre le talon et la naissance du heurtoir, les ongles en dessus; le second servant se porte à l'arrière et pose les mains sur le patin, les pouces en dessous.

FLÈCHE A TERRE. (*Fig.* 23.)

Fig. 23.

101. A ce commandement, le chef pose doucement la flèche à terre, se fend du pied droit en arrière à 33 centimètres du gauche, qu'il place sur la tête de la flèche, le talon à terre, pour empêcher le chariot d'avancer; ensuite le premier servant tire sur la chaîne et le second servant pousse la pompe, et tous trois reprennent la position du soldat sans armes.

ENCHAINEZ. (*Fig.* 24.)

Fig. 24.

102. A ce commandement, le second servant se porte sur le flanc droit, à hauteur de la barre d'arrêt; le premier servant fait un à gauche, va prendre l'échelle à crochets, comme il l'a prise pour la retirer, la place sous la pompe, les crochets reposant sur le charriot; le chef se fend en avant du pied gauche, prend la chaîne de l'avant, la fixe au crochet placé près du heurtoir, l'enroule autour du boulon en fer de manière à maintenir l'échelle sous la flèche, la saisit de la main gauche pour la passer à droite et la fixe, tendue, au deuxième crochet placé sur la flèche; le second servant passe, de la main gauche, la barre d'arrêt au premier servant, qui la reçoit de la main droite et la remet à sa place; tous trois reprennent ensuite les positions prescrites par le commandement : *A vos postes*.

OBSERVATIONS RELATIVES A LA DEUXIÈME LEÇON.

103. Comme les marches en avant et les marches en arrière, ainsi que les conversions en marchant, sont pénibles, on doit faire exécuter ces mouvements le moins longtemps possible, et faire les conversions de pied ferme, lorsque le terrain présente quelques difficultés pour les faire en marchant.

104. Les conversions et les mouvements en avant et en arrière doivent être exécutés avec beaucoup de précision. Le chef et les servants déboîtent, se relèvent et se fendent toujours ensemble. Dans la marche en arrière, les deux servants doivent avoir les chaînes placées parallèlement.

TROISIÈME LEÇON

Pompe foulante.   *Pompe aspirante.*

ARTICLE Iᵉʳ.

105. Pour faire exécuter la troisième leçon, l'instructeur commande :

EN RECONNAISSANCE.

106. A ce commandement, le chef marchant droit devant lui, va saisir le pic de la hache avec la main gauche; de la droite, tourne la chevillette et la retire, puis il enlève la hache en la dégageant de son crochet et de son anneau; le

Pompe foulante.   *Pompe aspirante.*

premier servant fait un à gauche en passant en
dehors du chef, pour aller prendre le cordage
et reconnaître avec lui le point d'attaque et la
quantité nécessaire de boyaux. La reconnaissance faite, le chef et le premier servant laissent
près du point d'attaque désigné, la hache et le
cordage et reviennent près de la pompe pour
reprendre leur position; le second servant ne
bouge pas.

107. Si les hommes se trouvent dans la position de la marche en arrière, le chef enlève la
hache comme il est prescrit ci-dessus, le premier
servant va prendre le cordage et part avec le chef.
Le reste comme à l'article précédent.

ARTICLE II.

108. L'instructeur fait mettre la pompe à terre
par les commandements prescrits au 1ᵉʳ article
de la 2ᵉ leçon, et commande ensuite :

ENLEVEZ L'ASPIRAL.

109. A ce comman-
dement, le chef saisit
l'aspiral des deux mains
par le milieu, les deux
servants débouclent les
courroies placées à l'ar-
rière, puis vont débou-
cler celles de l'avant;
ensuite le premier ser-
vant saisit la vis, le second la boîte, tous deux
marchent vers l'arrière
en déroulant l'aspiral;

Pompe foulante.   *Pompe aspirante.*

les servants arrivés l'un près de l'autre, le premier remet la vis au second qui lui donne la boîte en échange, puis aidés du chef, le développent en marchant vers leur gauche et le posent à terre, la boîte du côté du chapeau couvert. Tous trois reviennent ensuite près de la pompe, le chef face au chapeau couvert, le premier servant à sa gauche, le second à sa droite.

MONTEZ L'ASPIRAL.

110. A ce commandment, le chef démonte la tête d'arrosoir et la passe au second servant, qui va la visser à l'extrémité de l'aspiral ; le premier servant démonte le chapeau couvert et le visse sur la courbe d'aspiration. Ensuite le premier servant soutient l'aspiral horizontalement pendant que le chef en monte la boîte sur le pas de vis. Cela terminé, le second ser-

Pompe foulante.   *Pompe aspirante.*

vant plonge l'extrémité dans l'eau à 50 centimètres de profondeur, ou dans un tonneau s'il y en a à proximité. Tous trois se placent ensuite comme après avoir ôté le chariot.

1° *Établissement en quatre temps.*
2° DÉMARREZ. (*Fig. 25.*)

Fig. 25.

111. Au deuxième commandement, le chef se porte à l'arrière en passant du côté gauche, saisit de la main gauche la lance près de la boîte, et de la main droite les boyaux à 33 centimètres; les servants déboîtent à droite à hauteur des courroies, les débouclent et reprennent leur position.

Pompe foulante.   *Pompe aspirante.*

OTEZ LA LANCE. (*Fig.* 26.)

112. A ce commandement, le chef retire la lance et défait le dernier pli en déboîtant à droite pour faire face en avant, les servants déboîtent à hauteur des poignées de l'avant, saisissent les leviers, les retirent ensemble en se fendant, le premier de la jambe gauche, le se-

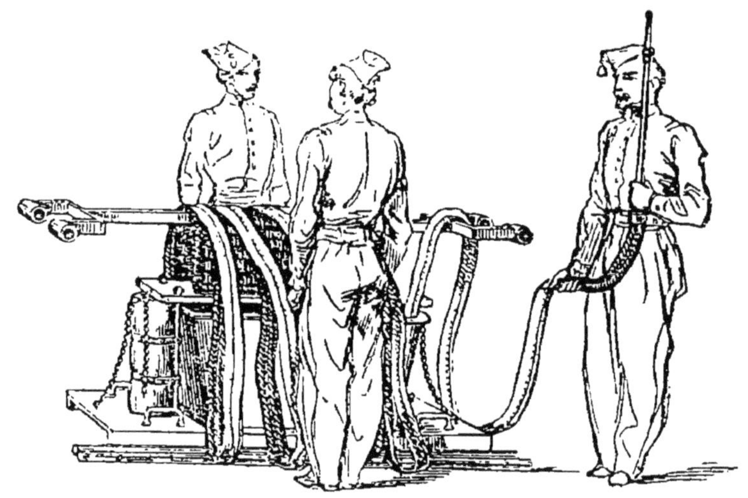

Fig. 26.

cond de la droite, les placent le long du patin. Ensuite ils saisissent des deux mains et par moitié les boyaux en commançant par l'avant, les sortent de la bâche en les soulevant et les laissent reposer sur le balancier.

DÉVELOPPEZ. (*Fig.* 27.)

113. A ce commandement le chef se porte au point d'attaque, le premier servant l'aide à développer, le second servant jette les demi-garnitures à terre, défait le pli qui entoure le T. de

Pompe foulante.   *Pompe aspirante.*

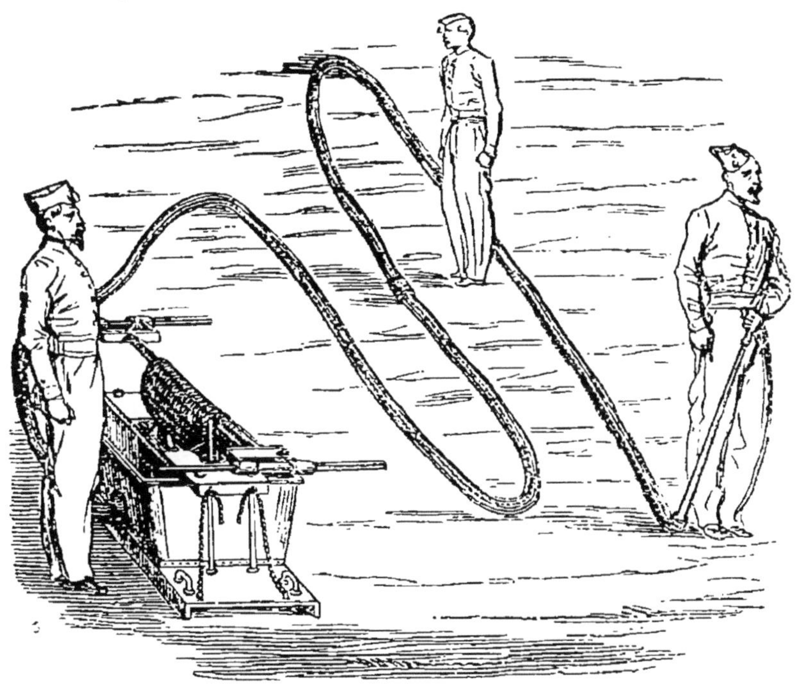

Fig. 27.

l'avant, et tous trois disposent les boyaux de manière à faciliter le passage de l'eau; le second
servant, chargé du soin de la première demi-garniture, revient près de la pompe, qu'il ne doit
laisser toucher qu'à son commandement, débou-
cle les courroies qui maintiennent les seaux
qu'il fait emplir et placer de manière à ne pas
gêner la manœuvre.

FIXEZ L'ÉTABLISSEMENT. (*Fig.* 28)

114. A ce commandement, le chef resserre la
lance, se place de manière qu'elle se trouve à sa
droite et pose le pouce gauche sur l'orifice; le
premier servant ressert les raccords, fixe les col-

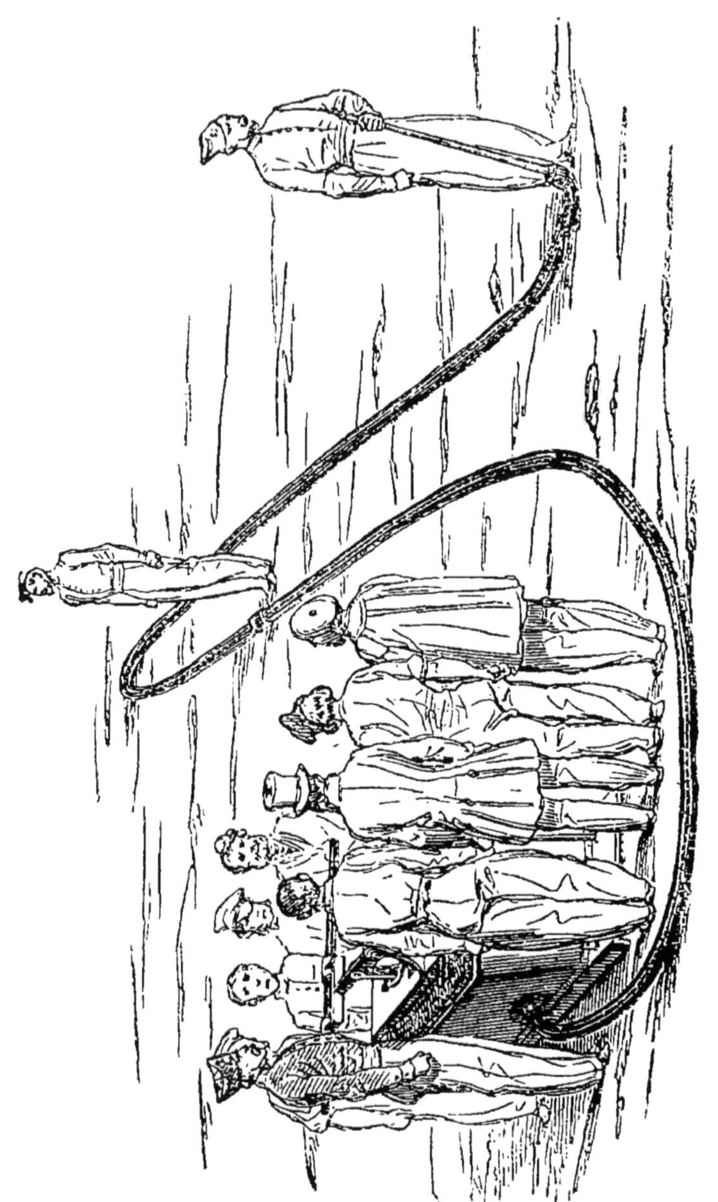

Fig. 28.

Pompe foulante.   *Pompe aspirante.*

lets et se tient entre la pompe et le chef pour transmettre ses ordres; le second servant appelle les travailleurs, pose les tamis, resserre la pièce à deux vis et le raccord, fait emplir la bâche, abaisse le balancier sur l'arrière jusqu'à l'entablement, place les leviers en commençant par celui de l'arrière et les fait saisir aux travailleurs.

EXÉCUTION DE LA MANŒUVRE. (*Fig.* 29).

115. Pour faire exécuter la manœuvre, l'instructeur donne un ou plusieurs coups de sifflet; le premier servant commande : (*Pompe N°   , Manœuvrez.*) le second servant répète seulement le commandement : *Manœuvrez.* Aussitôt les travailleurs placés du côté du balancier qui ne touche pas l'entablement, appuient jusqu'à ce qu'il le touche; les autres laissent monter leur levier sans chercher à en faciliter le mouvement, appuient à leur tour pour remettre le balancier dans la position qu'il vient de quitter, et ainsi de suite. Ce mouvement alternatif est enseigné aux travailleurs par le second servant qui ne doit jamais placer ses mains sur le balancier.

116. Le chef lève de temps en temps le pouce de dessus l'orifice pour laisser passer l'air contenu dans les demi-garnitures et qui est chassé avec force quand la manœuvre commence. Dès que l'eau arrive, il maintient le pouce avec force sur l'orifice, jusqu'à ce que la pression intérieure l'oblige à le quitter; il élève ensuite la lance avec la main gauche, saisissant la boîte avec la main droite, descendant la main gauche vers le milieu et dirige le jet sur le point d'attaque.

Fig. 29.

Pompe foulante.   *Pompe aspirante.*

117. Pour faire cesser la manœuvre, l'instructeur donne un ou plusieurs coups de sifflet ; le premier servant commande *Pompe N°   , Halte*, le second servant répète le commandement : *Halte.*

118. A ce commandement, fait au moment où l'une des extrémités touche l'entablement, les travailleurs cessent d'agir, quittent les leviers et restent à la pompe.

ARTICLE III.

119. Pour changer la pompe de place l'instructeur commande :

A LA POMPE.

120. A ce commandement, le chef et les servants se placent comme après avoir ôté le chariot, le second servant fait retirer les travailleurs à quelques pas, et l'on change la pompe de place au moyen des chaînes, comme il est indiqué aux mouvements de la pompe étant à terre n°s 75 et suivants.

121. Ce mouvement exécuté, l'instructeur commande :

REPRENEZ VOS POSITIONS.

122. A ce commandement, le chef et les servants reprennent les positions qu'ils occupaient avant le commandement : *A la pompe.*

OBSERVATIONS RELATIVES A LA TROISIÈME LEÇON.

123. Dans une attaque de feu, si le chef reconnaît qu'une demi-garniture est suffisante, il commande : *Démontez une demi-garniture* ; le chef

Pompe foulante.   *Pompe aspirante.*

démonte la lance, les servants démontent la seconde demi-garniture qu'ils enlèvent et portent sur le chariot, tandis que le chef monte la lance sur la première.

124. Avant comme après la manœuvre, le balancier doit toujours être incliné sur l'arrière et jusqu'à l'entablement pour éviter l'incertitude où seraient les travailleurs de savoir de quel côté ils doivent appuyer quand ils commencent la manœuvre.

125. La pompe doit être placée, autant que possible, sur un terrain uni et solide, assez accessible pour que l'arrivage de l'eau ne soit pas obstrué.

126. Les demi-garnitures doivent être placées de manière à n'être point foulées aux pieds, et disposées de façon que l'eau puisse y circuler librement. Dans les établissements horizontaux, on doit faire serpenter les boyaux, de manière qu'ils ne forment ni plis ni coudes. Dans les établissements verticaux, si l'on appuie les demi-garnitures sur les saillies de rampes ou de fenêtres, il est nécessaire de placer un tampon entre ces saillies et les demi-garnitures, afin d'éviter que celles-ci ne se coupent. Ce tampon se fait soit avec de la paille, soit avec des chiffons, soit encore avec un balai de bouleau.

127. Le second servant ne quitte jamais la pompe et veille sans cesse à ce que personne n'y touche.

128. Avant de faire exécuter la manœuvre, l'instructeur numérotera la pompe afin d'exercer les sapeurs de recrue aux différents coups de

Pompe foulante.   *Pompe aspirante.*

sifflet ainsi qu'il est indiqué à la cinquième leçon, nᵒ 198.

129. Les travailleurs doivent être placés au balancier de manière que, s'il y en a plus de trois à chaque levier, ceux qui sont au centre aient une branche du T entre les mains.

QUATRIÈME LEÇON

ARTICLE Iᵉʳ.

130. La pompe ayant été manœuvrée, l'instructeur, pour la faire mettre en état d'être rechargée, commande :

DÉMONTEZ. (*Fig.* 30.)

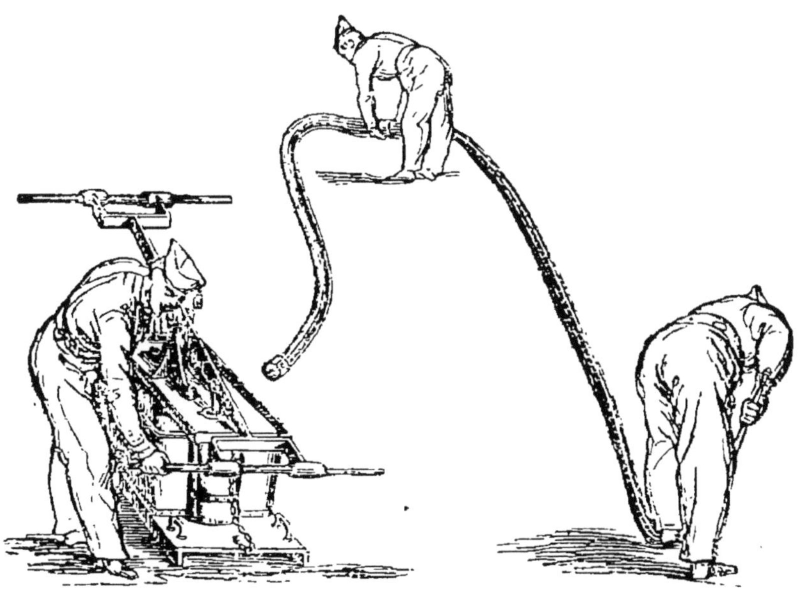

Fig. 30.

Pompe foulante.   *Pompe aspirante.*

131. A ce commandement, le chef démonte la lance, le premier servant détache les collets et démonte les raccords qui réunissent les demi-garnitures et se place à 2 mètres de la boîte, le second servant fait retirer les travailleurs, démonte le raccord qui réunit la première demi-garniture à la pièce à deux vis, et se place également à 2 mètres de la boîte, tous deux ayant la plus grande longueur de boyaux à leur droite.

VIDEZ LES DEMI-GARNITURES. (*Fig.* 31.)

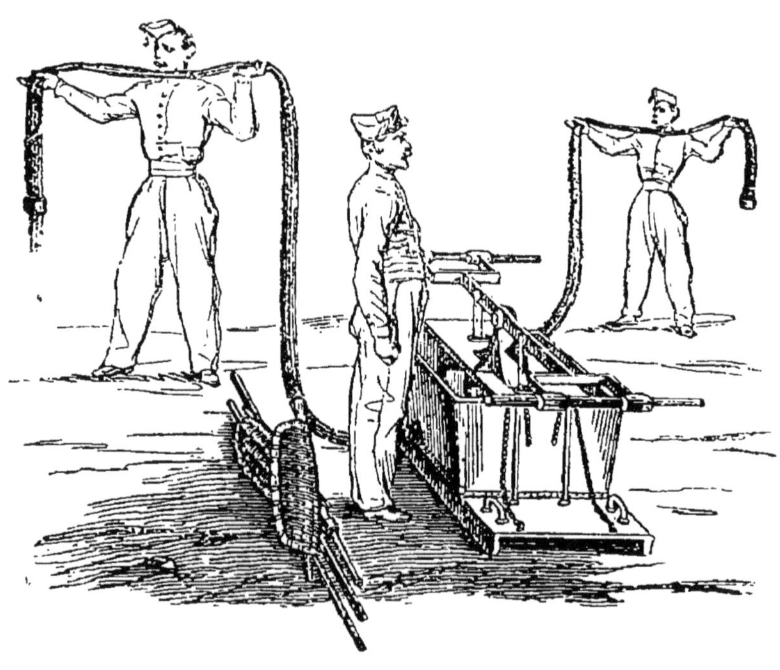

Fig. 31.

132. A ce commandement, le chef revient près de la pompe avec la lance, la pose à terre à 1 mètre de l'avant, place auprès les leviers et les tamis.

Pompe foulante.   *Pompe aspirante.*

Chaque servant prend une demi-garniture, élève les bras autant que possible, après l'avoir saisie des deux mains, distantes l'une de l'autre de 50 centimètres, marche vers la droite, faisant passer la demi-garniture d'une main dans l'autre, et en la levant ainsi successivement pour la vider. Ensuite, ils la plient en quatre et rapprochent les raccords ensemble à 1 mètre de la pompe, vis-à-vis de la sortie; puis tous trois se placent comme après avoir ôté le chariot.

DÉMONTEZ L'ASPIRAL.

133. A ce commandement, le chef démonte l'aspiral après que le second servant en a retiré l'extrémité de l'eau, et tous deux le posent à terre, les extrémités à 1 mètre de la pompe, la vis à hauteur de l'arrière. Pendant ce temps, le premier servant démonte le chapeau couvert et l'adapte sur la vis extérieure; le second servant démonte la tête d'arrosoir et vient la visser sur la courbe d'aspiration. Tous trois reprennent ensuite leur première position.

Pompe foulante.   *Pompe aspirante.*

ABATTEZ SUR L'ARRIÈRE. (*Fig.* 32.)

Fig. 32.

134. A ce commandement, le chef et les servants exécutent les deux premiers temps du chargement (n°ˢ 96 et 97) ; le chef se porte en arrière, en passant du côté gauche, fait face à la pompe et saisit des deux mains, les ongles en dessus, le T de l'avant ; les servants tournent sur les talons et suivent le mouvement. Tous trois ensuite renversent la pompe de manière à la faire porter sur le T de l'arrière, et jusqu'à ce que la bâche soit assez inclinée pour que l'eau qu'elle contient puisse en sortir.

LAVEZ. (*Fig.* 33.)

135. A ce commandement, le chef quitte le balancier, jette plusieurs seaux d'eau dans la bâche et retire les ordures que l'eau n'aurait pas

Pompe foulante.   *Pompe aspirante.*

Fig. 33.

entraînées; ensuite les servants redressent la pompe, jusqu'à ce que l'arrière du patin touche à terre.

METTEZ A TERRE. (*Fig.* 34 et 35.)

Fig. 34.

Pompe foulante.   *Pompe aspirante.*

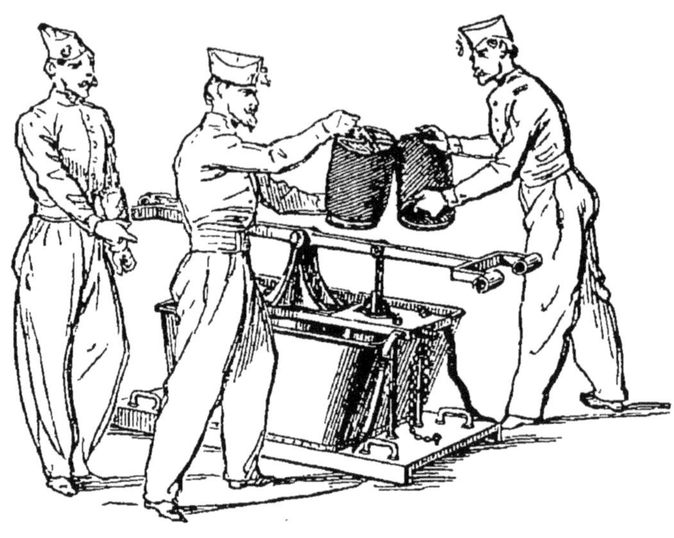

Fig. 35.

136. A ce commandement, le chef se porte à l'avant par le côté gauche, fait face au patin, le saisit des deux mains, les ongles en dessus, pour maintenir la pompe en équilibre pendant que les servants tournent sur les talons et changent de main ; tous trois mettent la pompe à terre en faisant des petits pas, le chef tenant la chaîne et les servants les poignées de l'avant. Le chef se place ensuite face à la sortie, les servants se portent aux extrémités du balancier, le premier à l'arrière, le second à l'avant, et saisissent chacun les branches du T à deux mains.

VIDEZ LA POMPE. (*Fig.* 36.)

137. A ce commandement, les servants manœuvrent la pompe ; le chef après plusieurs coups de piston, se baisse en se fendant en arrière de la

Pompe foulante.   *Pompe aspirante.*

jambe droite, et, saisissant le cordon de la bâche
de la main gauche, il appuie fortement la paume
de la main droite sur la sortie, puis il commande
Halte, prend le balancier à deux mains, l'une à
16 centimètres en avant de l'arbre, et l'autre à
16 centimètres en arrière, les ongles en dessus,

Fig. 36.

pour soutenir la pompe pendant que les servants
l'inclinent doucement sur le côté gauche en la
maintenant de manière que la pièce à deux vis
ne touche pas à terre pendant que le récipient
se vide entièrement, puis ils la redressent sans
changer leurs mains de place, et tous trois reprennent la position du soldat sans armes.

Pompe foulante.   *Pompe aspirante.*

ARTICLE II.

Remontez. (*Fig.* 37.)

Fig. 37.

138. A ce commandement, le chef monte la demi-garniture, les clous en dessous, sur la pièce à deux vis, et passe à la droite des boyaux restant face à la pompe ; le premier servant amarre la branche gauche du T de l'arrière avec la courroie, afin de maintenir le balancier horizontalement, et vient se placer à la gauche du chef ; le second servant pose les tamis sur le balancier, les attache ensemble et se place face au premier servant.

Pliez. (*Fig.* 38.)

139. A ce commandement, le chef remet le boyau au premier servant qui le passe par dessus la branche du T de l'avant, revient en dessous

Pompe foulante.   *Pompe aspirante.*

pour le passser en croix sur le balancier. Le second servant s'en empare, forme un premier pli
qu'il assure dans le fond et à l'avant de la bâche;
le premier servant en fait autant de son côté et
tous deux continuent de former successivement
des plis, l'un tenant les mains appuyées sur le
boyau à l'endroit où il pose sur les tamis pendant

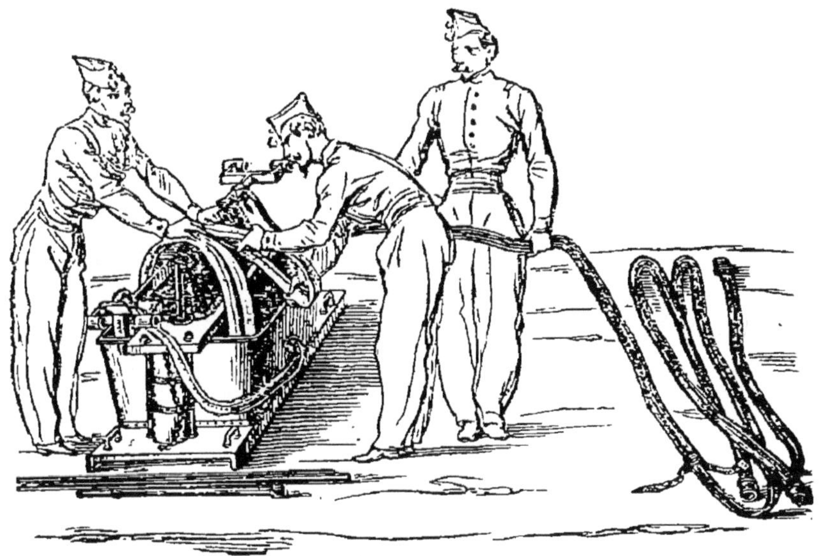

Fig. 38.

que l'autre forme son pli, et ainsi de suite jusqu'à
l'avant-dernier pli de la première demi-garniture;
on monte la deuxième sur la première, et l'on
continue de former des plis de droite et de gauche
dans la bâche. Pendant cette manœuvre, le chef
approche les boyaux aux servants et les surveille.
Lorsqu'il ne reste plus qu'un pli à faire, le chef,
aidé du premier servant, monte la lance, et, la
tenant de la main gauche, il se place face au côté
gauche de la pompe, en dehors du balancier.

Pompe foulante.   *Pompe aspirante.*

AMARREZ. (*Fig.* 39.)

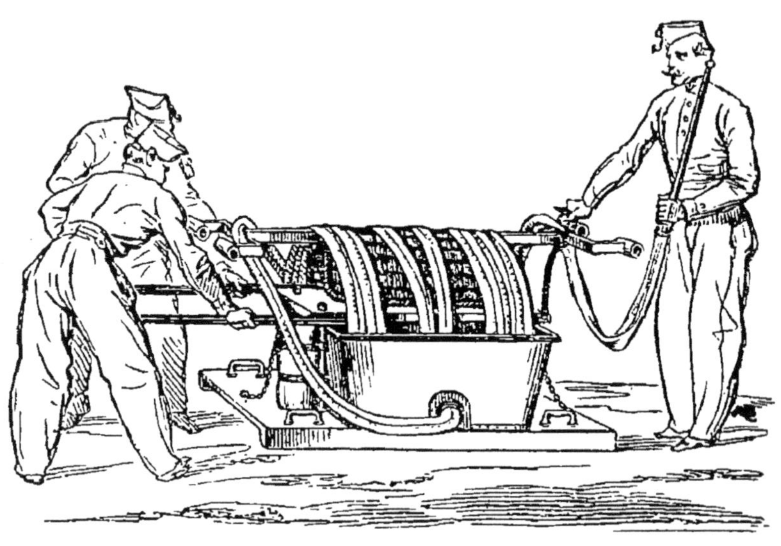

Fig. 39.

140. A ce commandement, le chef détache de
la main droite la courroie qui fixe le balancier;
chaque servant va prendre un levier, le présente
par le petit bout à l'avant de la pompe, le glisse
entre les plis des demi-garnitures et les côtés de
l'entablement; puis, le premier servant restant à
l'avant, le second se porte à l'arrière, tous deux
les font sortir également de dessous les boyaux
en les posant sur la bâche; le chef place la lance
sur le levier, du côté gauche, et forme le dernier
pli; les servants amarrent les leviers, la lance et
les demi-garnitures avec les courroies.

Pompe foulante.   *Pompe aspirante.*

141. Cela fait, tous les trois se placent près de l'aspiral, le chef vers le milieu, le premier servant à hauteur de la boîte, le second à hauteur de la vis.

PLACEZ L'ASPIRAL.

142. A ce commandement, les servants saisissent l'aspiral, le premier par la boîte, le second par la vis, et, aidés du chef qui le saisit par le milieu, le placent comme il est prescrit au titre Ier et l'amarrent, le chef le maintenant par les extrémités ; les servants, chacun de leur côté, passent les courroies en dessous et dans les passants fixes, et les enroulent autour de l'aspiral. Les servants se portent ensuite à l'arrière, enroulent les courroies autour de l'aspiral, puis ils les bouclent chacun à leur droite.

143. Ce mouvement achevé, le chef et le premier servant vont chercher la hache et le cordage et les replacent comme ils les ont pris ; le second servant va chercher l'échelle et la pose à terre,

Pompe foulante.   *Pompe aspirante.*

ainsi qu'il est prescrit au n° 69. Tous trois se placent ensuite comme après avoir ôté le chariot.

144. Lorsque l'instructeur voudra faire charger la pompe, il fera les mêmes commandements que dans le quatrième article de la deuxième leçon.

ARTICLE III.

145. Lorsque, dans un incendie, une pompe a cessé de fonctionner, on plie toujours les demi-garnitures en écheveau. Pour cela les hommes étant placés comme après avoir vidé la pompe, l'instructeur commande :

REMONTEZ POUR PLIER EN ÉCHEVEAU.

146. A ce commandement, le chef exécute ce qui est prescrit au n° 138; le premier servant ne bouge pas, le second servant pose les tamis et reprend sa position.

147. L'instructeur commande ensuite :

PLIEZ EN ÉCHEVEAU.

148. A ce commandement, le chef passe la demi-garniture sous la branche du T de l'avant et revient en dessus pour l'étendre jusqu'au T de l'arrière; le premier servant maintient le balancier, puis à son tour saisit le boyau et forme un pareil pli sous la branche droite; ensuite les servants continuent de former des plis croisés, l'un maintenant le balancier dans une position

Pompe foulante.   *Pompe aspirante.*

horizontale, pendant que l'autre forme son pli, le chef étend les boyaux alternativement de l'avant à l'arrière; lorsque la première demi-garniture est pliée, on y raccorde la seconde, et, lorsque celle-ci est pliée, on y monte la lance comme il est prescrit au n° 139.

AMARREZ.

149. A ce commandement chaque servant va prendre un levier et vient se placer vis-à-vis le flanc de la pompe pour le poser sur la bâche, le gros bout à l'avant, le chef place la lance du côté gauche, etc. ; le reste comme au commandement *Amarrez*, n° 140.

150. Lorsque les boyaux sont pliés en écheveau, si l'instructeur veut faire établir la pompe, il commande :

DÉMARREZ.

151. On exécute alors ce qui est prescrit au n° 111 ; l'instructeur commande : *Otez la lance.* A ce commandement, le chef enlève la lance, les servants placent les leviers le long du patin, se portent ensuite aux extrémités du balancier, le premier à l'avant, le second à l'arrière, et défont les plis des boyaux qu'ils jettent à terre ; le reste comme à la troisième leçon, n° 113.

OBSERVATIONS RELATIVES A LA QUATRIÈME LEÇON.

152. Pour former des plis dans la bâche, le second servant saisit des deux mains l'extrémité du pli, les pouces en dessus, recule pour déterminer sa longueur en la présentant sur la hauteur extérieure de la bâche, remonte la main droite à 50 centimètres de la gauche et avance pour placer le pli dans la bâche en l'assurant au fond. Le premier servant exécute ce mouvement par les mêmes principes et par les moyens inverses.

153. Pour amarrer, les servants doivent enrouler deux fois les courroies autour des leviers et de la lance.

154. Pour s'assurer que la pompe est entièrement vidée, le chef doit faire manœuvrer jusqu'à ce qu'il ait la main repoussée par la pression de l'air qui se trouve dans l'intérieur du récipient (1).

CINQUIÈME LEÇON

155. L'objet de cette leçon est d'éviter la multiplicité des commandements et d'accélérer l'établissement de la pompe.

---

(1) Lorsque dans un incendie une pompe aspirante est obligée de cesser sa manœuvre par le manque d'eau des tonneaux de toutes sortes, ou l'épuisement de réservoirs quelconques, on peut continuer à se servir de cette pompe en la faisant aspirer dans sa propre bâche en l'emplissant et en y plongeant la tête d'arrosoir.

156. Lorsque les sapeurs de recrue comprendront et exécuteront bien les quatre premières leçons, l'instructeur leur fera exécuter l'exercice précipité qui sera toujours celui que l'on emploiera à l'incendie ; il le fera précéder alors du mouvement *En reconnaissance* et ne fera recharger la pompe qu'après l'établissement précipité.

ARTICLE Ier.

EXERCICE PRÉCIPITÉ.

157. L'exercice en cinq temps est réduit à deux temps principaux, ainsi qu'il suit :

Cette opération évite la perte de temps et permet de combattre l'incendie avec un jet abondant et continu.

Par un arrêté de M. le préfet de police, les trémies des tonneaux de porteurs d'eau, d'arrosement, etc., étant de dimension à recevoir, comme ceux en service au corps l'extrémité de l'aspiral, il en résulte que l'eau de ces tonneaux peut être épuisée par la partie supérieure, laquelle ne présente pas, pendant les grands froids, la congélation qu'on rencontre au robinet, et par conséquent, l'alimentation des pompes ne se trouve pas paralysée par la gelée.

158. Le premier temps s'exécute à la fin du commandement *En manœuvre* et le second au commandement *Deux* :

159. L'instructeur commande :

1° *Exercice précipité*.

2° EN MANŒUVRE.

4

160. Exécuter le premier temps de l'exercice, déchaîner et lever la flèche.

3° Deux.

161. Mettre la pompe à terre et ôter le chariot.

ARTICLE II.

ÉTABLISSEMENT PRÉCIPITÉ.

162. L'établissement en quatre temps est réduit à deux temps principaux, ainsi qu'il suit :

163. Le premier temps s'exécute à la fin du commandement *Démarrez*, et le second au commandement *Deux*.

164. L'instructeur commande :

1° *Établissement précipité.*
2° Démarrez.

165. Exécuter les premiers temps de l'établissement selon l'espèce de pompe et ôter la lance.

3° Deux.

166. Développer les boyaux et fixer l'établissement.

167. Après la manœuvre, lorsque l'instructeur veut faire mettre les pompes en état d'être rechargées, il fait les mêmes commandements que dans la 4ᵉ leçon, nᵒˢ 130 et suivants, suivant l'espèce de pompe.

ARTICLE III.

CHARGEMENT PRÉCIPITÉ.

168. Le chargement en sept temps est réduit à deux temps principaux, ainsi qu'il suit :

169. Le premier temps s'exécute à la fin du commandement *Chargez*, et le second au commandement *Deux*.

170. L'instructeur commande :

1° *Chargement précipité.*
2° CHARGEZ.

171. Exécuter les mouvements de charger, lever la pompe, amener le chariot et poser la pompe.

3° DEUX.

172. Abattre la flèche, mettre la flèche à terre et enchaîner.

173. L'instructeur doit exiger beaucoup de régularité et d'attention dans l'exécution des temps et dans les positions.

ARTICLE IV.

MANŒUVRE DE PLUSIEURS POMPES RÉUNIES.

174. Les principes contenus dans les quatre premières leçons, peuvent être appliqués à la réunion de plusieurs pompes.

175. Lorsque plusieurs pompes doivent être manœuvrées ensemble, l'instructeur les fait placer en ligne à dix pas d'intervalle, et, après avoir désigné les chefs et les servants de chacune, fait prendre les positions et lever la flèche, par les commandements prescrits aux n°s 17 et suivants.

176. Il fait prendre ensuite un numéro d'ordre à chaque pompe en commençant par la droite ; les chefs appellent leur numéro à haute voix. Pour faire prendre l'alignement, il doit toujours faire avancer de quelques pas la pompe qui doit servir de base d'alignement, de manière que toutes les autres soient en arrière de celle-ci et ne soient pas obligées de reculer pour s'aligner. Il commande alors : *A droite,* ou *à gauche alignement.*

177. Toutes les fois que le terrain le permet, il doit y avoir dix pas d'intervalle entre chaque pompe, lorsqu'elles sont en ligne, et six pas lorsqu'elles sont en colonne.

178. Les conversions de pied ferme, les demi-tours, les marches en avant et en arrière, l'exercice en cinq temps et le chargement en sept temps s'exécutent comme il est dit dans les quatre premières leçons.

179. Pour faire passer de l'ordre en bataille à l'ordre en colonne, la droite ou la gauche en tête, l'instructeur commande :

1° *A droite* (ou *à gauche*), *en colonne.*
2° MARCHE.

180. Au premier et au second commandement, on exécute ce qui est prescrit aux n°s 20 et suivants.

181. Pour faire marcher la colonne en avant, l'instructeur commande :

> 1° *Colonne en avant.*
> 2° MARCHE.

182. Au second commandement, on exécute ce qui est prescrit aux n°ˢ 44 et suivants.

183. Pour faire changer la colonne de direction, l'instructeur fait placer les jalonneurs aux points où les changements de direction doivent avoir lieu et commande ensuite :

> *Tête de colonne (à droite ou à gauche).*

184. Quelques pas avant d'arriver au point de conversion, chaque chef commande : *Tournez à droite* ou *à gauche*, et, lorsqu'il arrive à hauteur du jalonneur, il commande : *Marche.* A ce commandement, on exécute ce qui est prescrit au n° 54.

185. Pour faire arrêter la colonne, l'instructeur commande :

> 1° *Colonne.*
> 2° HALTE.

186. Au commandement *Halte*, la colonne s'arrête.

187. La colonne étant arrêtée, l'instructeur, pour la faire mettre en ligne, commande :

> 1° *A droite* (ou *à gauche*) *en ligne.*
> 2° MARCHE.

188. Au premier commandement, on exécute ce qui est prescrit au n⁰ 21, et, au second, on exécute ce qui est prescrit aux n⁰ˢ 22 et 23.

189. La colonne étant en marche, l'instructeur pour la former sur la droite ou sur la gauche en bataille, place un jalonneur au point où il veut appuyer la droite et toujours à dix pas en dehors de la colonne et commande :

1° *Sur la droite* (ou *sur la gauche*) *en bataille.*
2° MARCHE.

190. Le chef de la première pompe commande aussitôt : *Tournez à droite* (ou *à gauche*), *Marche.*

191. Au deuxième commandement du chef, les deux servants exécutent ce qui est prescrit au n⁰ 54, et, après avoir tourné, marchent en avant jusqu'au commandement de *Halte* que fait le chef à l'instant où ils arrivent près du jalonneur.

192. Toutes les autres pompes continuent de marcher en avant et ne doivent converser, pour se porter sur la ligne, que lorsqu'elles sont arrivées à la distance prescrite au n⁰ 177 ; chaque chef fait les mêmes commandements que le premier.

193. Pour arrêter la colonne, l'instructeur fait prendre le pas accéléré et les distances si elles sont perdues, afin d'éviter les accidents qui pourraient arriver s'il arrêtait la colonne au pas gymnastique.

194. Toutes les fois que les pompes sont en colonne, les chefs répètent vivement les commandements *Halte* et *Marche.*

195. Lorsque l'instructeur veut faire exécuter l'exercice précipité, il commande :

1o *Exercice précipité.*
2o EN MANŒUVRE.
3o DEUX.

196. Lorsque les pompes sont mises à terre, chaque chef conduit son chariot à l'endroit désigné par l'instructeur pour former le parc, et met la flèche à terre en ayant soin que les chariots se trouvent placés à la suite et dans la direction de l'axe du premier.

197. Lorsque l'instructeur veut faire exécuter l'établissement précipité, il commande :

1° *Etablissement précipité.*
2° DÉMARREZ.
3° DEUX.

198. Lorsque l'instructeur veut faire exécuter la manœuvre, il l'ordonne à chaque chef.

Le n° 1 donne un coup de sifflet simple.
Le n° 2 — un coup de sifflet double.
Le n° 3 — un coup de sifflet double et un simple.
Le n° 4 — deux coups de sifflet doubles.
Le n° 5 — un coup de sifflet simple et un double.
Le n° 6 — un coup de sifflet simple, un double et un simple.

199. Le coup de sifflet simple doit être prolongé; le coup de sifflet double est composé

de deux coups détachés, le second prolon
entre les doubles et les simples les interva
doivent être plus grands.

200. L'instructeur voulant ensuite faire e
cuter le chargement précipité, commande :

1° *Chargement précipité.*
2° CHARGEZ
3° DEUX

FIN.